# BEI GRIN MACHT SICH IHR WISSEN BEZAHLT

**Bibliografische Information der Deutschen Nationalbibliothek:**

Die Deutsche Bibliothek verzeichnet diese Publikation in der Deutschen National-
bibliografie; detaillierte bibliografische Daten sind im Internet über http://dnb.d-
nb.de/ abrufbar.

**Impressum:**

Copyright © 2014 GRIN Verlag, Open Publishing GmbH
Druck und Bindung: Books on Demand GmbH, Norderstedt Germany
ISBN: 9783668256224

**Dieses Buch bei GRIN:**

http://www.grin.com/de/e-book/335476/strukturmodellierung-und-docking-gen-
zebrafink-xp-002187388

**Manuel Langer, Daniel Hofbauer**

**Aus der Reihe: e-fellows.net stipendiaten-wissen**

e-fellows.net (Hrsg.)

Band 1985

# Strukturmodellierung und Docking. Gen: Zebrafink XP_002187388

## Abschlussprotokoll im Praktikum Molecular Modelling 2014

GRIN Verlag

**GRIN - Your knowledge has value**

Der GRIN Verlag publiziert seit 1998 wissenschaftliche Arbeiten von Studenten, Hochschullehrern und anderen Akademikern als eBook und gedrucktes Buch. Die Verlagswebsite www.grin.com ist die ideale Plattform zur Veröffentlichung von Hausarbeiten, Abschlussarbeiten, wissenschaftlichen Aufsätzen, Dissertationen und Fachbüchern.

**Besuchen Sie uns im Internet:**

http://www.grin.com/

http://www.facebook.com/grincom

http://www.twitter.com/grin_com

# Abschlussprotokoll im Praktikum Molecular Modelling 2014

## Thema: Strukturmodellierung - Docking
## (Gen: Zebrafink - XP_002187388)

**Name:** Manuel Langer, Daniel Hofbauer

**Studiengang:** Molecular Life Science (B.Sc.)

**Fachsemester:** 6. Semester

# Inhalt

# 1 Einleitung

Die Verwendung von schmerzlindernden Substanzen (Analgetika) ist eine der ältesten medizinischen Behandlungen von Patienten. Bereits im 16. Jhd. untersuchte Paracelsus in Feldversuchen die Wirkung entsprechender Pflanzen, wie Johanneskraut.[13],[14] War man damals noch auf die Pflanzen selbst angewiesen, ist es heute möglich die bioaktiven Substanzen oft im Labor zu synthetisieren und deren genauen Wirkmechanismus zu bestimmen. Die moderne Klassifizierung der Analgetika ist die, der Opioide und Nicht-Opioide.[15] Nichtopioide wirken über die Hemmung von Cyclooxygenasen[16] und Opioide über die Opiodrezeptoren, sodass beide die wirkungsvolleren Arzneimittel darstellen. Die Opioidrezeptoren lassen sich in die μ-, κ- und δ-Rezeptoren unterteilen, wobei die μ- und κ-Rezeptoren für die analgetische Wirkung verantwortlich sind.[17] Diese Rezeptoren sind GPCRs (G-Protein Coupled Receptors), die als charakteristisches strukturelles Merkmal sieben Transmembranhelices besitzen. [18] Am intrazellulären Loop 3, dieser verbindet TM5 mit TM6, bindet bei Aktivierung des Rezeptors das G-Protein und induziert somit eine Signalkaskade.

Im Zuge der folgenden Arbeit wird aus der bekannten Aminosäuresequenz eines bisher unbekannten Opioid-Rezeptors des Zebrafinken ein Modell erstellt, an welchem die Bindung von Agonisten und Antagonisten modelliert und anschließend bewertet werden.

## 2 Erstellung des Modells eines Opioid-Rezeptors sowie Simulation der Bindung von Agonisten und Antagonisten

### 2.1 Sekundärstrukturanalyse

#### 2.1.1 Sequenzalignment, Scoring Funktion, Scoring Matrix

Ein Sequenzalignment dient zum Vergleich zweier oder mehrerer Aminosäuresequenzen, um den Konservierungsgrad festzustellen. Angewendet wird dieses Prinzip v.a. in der Bioinformatik, um evolutionäre Verwandtschaften festzustellen.[1]

Eine sogenannte Scoring Funktion beschreibt den Grad der Ähnlichkeit eines Alignments zweier Aminosäure-Sequenzen. Dabei wird zwischen Identität, Ähnlichkeit oder Fehlen einer vergleichbaren Aminosäure am jeweiligen Ort unterschieden.[3]

Die Scoring Matrix ist eine Substitutionsmatrix, die angibt mit welcher relativen Rate eine Aminosäure im Laufe der Evolution in eine andere mutiert. Der Eintrag $a_{ij}$ zeigt die relative Rate an, mit der die Aminosäure i zu j mutiert. Die Matrix wird oft dazu verwendet, um ein durchgeführtes Alignment zu bewerten, wobei BLOSUM und PAM häufig verwendete Matrizen sind.[2]

## 2.1.2 Unterschied lokales – globales Alignment

Sowohl bei dem lokalen, als auch bei dem globalen Alignment handelt es sich um ein paarweises Alignment. Dies bedeutet, dass nur zwei Sequenzen miteinander verglichen werden. Bei einem globalen Alignment werden die kompletten Aminosäure-Sequenzen betrachtet, sodass die Zuordnung von Protein-Familien erleichtert wird. Bei einem lokalen Alignment werden nur relevante Bereiche betrachtet, um konservierte Bereiche zu finden, z.B. Gene.[4]

Zunächst wurde aus der Database das Protein 4DKL heruntergeladen sowie geöffnet, wobei es sich um die Kristallstruktur eines μ-Opioid-Rezeptors mit gebundenen Liganden handelt. Die Visualisierung der molekularen Oberfläche (Soft) zeigt im unteren Teil des Moleküls in Abbildung 1 sehr geringe Ladungen (rote und blaue Bereiche), die somit höchstwahrscheinlich in der lipophilen Membran eingebunden sind. Um die intra- und extrazellulären Bereiche festzulegen, werden die Bindestellen der Liganden bestimmt. Diese liegen in Abbildung 1 ebenfalls im unteren Bereich. Dort muss der extrazelluläre Raum zu finden sein, da der Ligand von außerhalb der Zelle kommt. Diese Hypothese wird durch Abbildung 2 unterstützt, in welcher der untere Teil die sieben transmembranen Helices eines GPCRs darstellt. Somit muss der obere Teil des Moleküls intrazellulär liegen, wobei es sich um den Loop 3 handelt, an welchem das G-Protein koppelt.

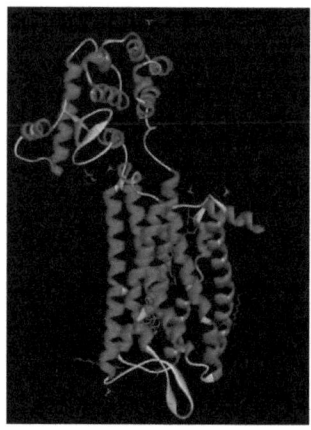

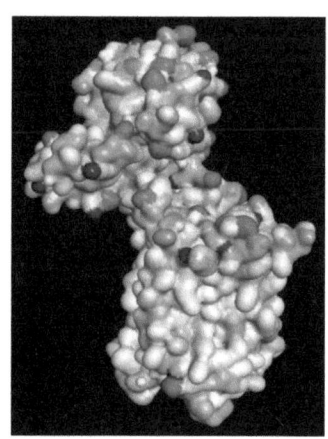

Abbildung 2

Abbildung 1

### 2.1.3 Betrachtung der Aminosäuresequenz sowie Vorhersage der Sekundärstruktur

Abbildung 3 enthält die ersten 30 Aminosäuren und die von Discovery Studio (DSC) vorhergesagte Sekundärstruktur, wobei die blauen Pfeile für β-Faltblätter stehen. In Abbildung 4 ist die reale Kristallstruktur des TM-Rezeptors visualisiert, worin der gelb markierte Bereich den ersten 30 Aminosäuren entspricht. Entgegen der Vorhersage von DSC, handelt es sich allerdings in der Realität um eine α-Helix. Somit stimmt die Vorhersage von DSC überhaupt nicht mit der tatsächlichen Struktur des Rezeptors im intrazellulären Bereich überein. Dies liegt daran, dass DSC nur eine Vorhersage für ein freiliegendes Protein erstellt. Allerdings macht es einen Unterschied, ob sich das Protein frei falten kann, oder sich in Umgebung einer Zelle befindet. Deshalb stimmt die Sekundärstruktur von DSC und die wahre Kristallstruktur im extrazellulären Bereich einigermaßen überein.

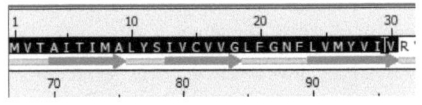

Abbildung 3

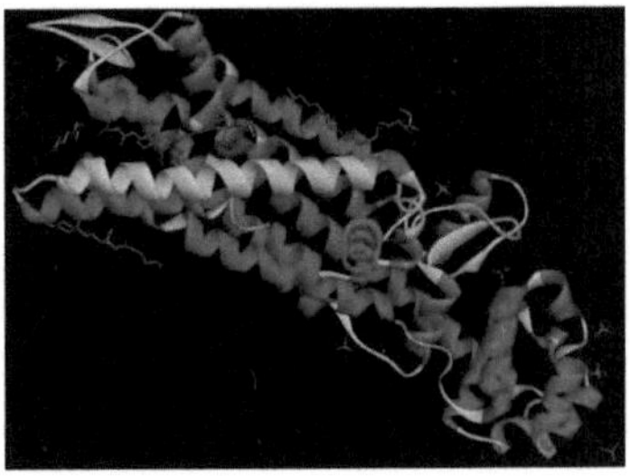

Abbildung 4

### 2.1.4 Erstellung einer Vorhersage für transmembrane Proteine mithilfe von Transmem

Mit Hilfe von Transmem wird eine neue Strukturvorhersage mit DSC gemacht. Dabei zeigt Abbildung 5 einen Ausschnitt (rote Linie steht für eine α-Helix), der wiederum der gelb-

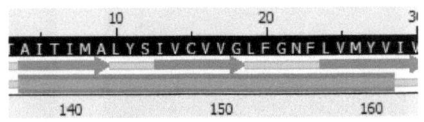

Abbildung 5

markierten Helix in Abb. 4 entspricht. Bei dieser Methode stimmt die Vorhersage der Aminosäuresequenz mit der realen Struktur der Helix überein.

## 2.1.5 Erstellung eines Sequenzalignments von 2RH1 und 4DKL

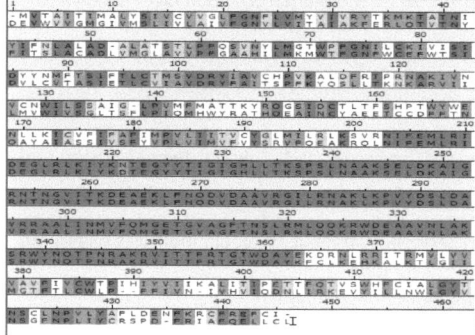

Abbildung 6

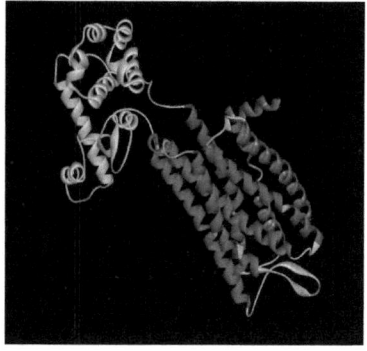

Abbildung 7

Ein Alignment der Struktur 4DKL mit 2RH1 liefert einen stark konservierten Bereich (Abb. 6). Die obere Sequenz repräsentiert 4DKL (μ-OR), die untere 2RH1 ($β_2$AR). Die Domänen unterscheiden sich lediglich in einer Aminosäure, wobei es sich um den intrazellulären Loop 3 (Abb. 7) handelt, an welchem das G-Protein bei der Aktivierung koppelt. Beide Rezeptoren sind in der Realität $G_i$ gekoppelt.[5],[6] Die große Übereinstimmung der Idendität lässt sich also auf die Zugehörigkeit zur Klasse A GPCRs des μ-OR und des $β_2$AR erklären.[5],[7] Diese Klasse gehört zu den am besten studierten Rezeptoren. [7]

## 2.1.6 Erstellung eines Sequenzalignments von 4DKL sowie 2IQO (transmembraner Teil eines GPCRs)

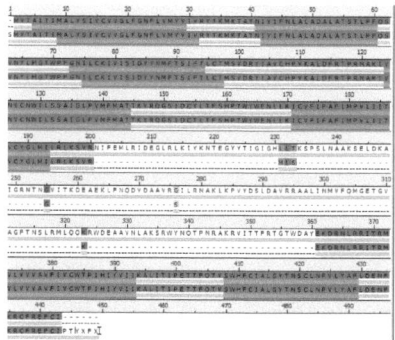

Abbildung 8

Abbildung 8 stellt das Alignment von 4DKL und 2IQOdar, welches zeigt, dass nur die transmembranen Helices konserviert und an der Stelle des Loop 3 nur Gaps sind. Die Vernachlässigung des ausgedehnten Loops 3 führt zur einer anderen Anordnung der transmembranen Helices, trotz identischer AS-Sequenz. Die veränderte Anordnung hat eine Ummodellierung der Bindetasche zur Folge, welche die Affinität des Liganden drastisch reduziert. Somit ist das Modell untauglich, da einerseits die Bindetasche nicht richtig dargestellt wird und anderer-seits die Synthese eines endogenen Liganden nicht möglich ist.

## 2.2 Homologiemodell

### 2.2.1 paarweises und multiples Alignment

Ein Alignment dient dem Vergleich zweier oder mehrerer DNA- bzw. Proteinsequenzen und zeigt dabei die Homologien der beteiligten Sequenzen zueinander auf. Ein paarweises Alignment wird dabei verwendet, falls zwei Sequenzen beteiligt sind, ein multiples Alignment bei mehr als zwei Sequenzen.

Um ein Homologiemodell zu erstellen, benötigt man allerdings das multiple Alignement.

In evolutionär verwandten Proteinen ist meist die Sekundär- oder Tertiärstruktur die Eigenschaft, welche am stärksten konserviert ist. Hingegen sind Funktion und vor allem die Sequenz weniger stark konserviert. Daher können evolutionär oder funktionell verwandte Proteine sich in ihrer Sequenz stark unterscheiden und trotzdem dieselbe 3D-Struktur oder ähnliche Motive/Domänen besitzen. Sind in Sequenzen mit solch geringer Ähnlichkeit strukturell oder funktionell relevante Residuen breit über die Sequenz verstreut, so gehen die Alignments verwandter Proteinsequenzen möglicherweise im statistischen Rauschen unter. Solch schwache Signale können jedoch durch ein multiples Alignment verstärkt werden, da konservierte Residuen dann aus dem Rauschen hervortreten.[8]

### 2.2.2 + 2.2.3 Unterschied von BLAST produzierten Alignments und multiplem Alignment sowie Funktionsweise von BLAST

Im Gegensatz zu einem multiplen Alignment, das jeweils mehrere komplette Sequenzen miteinander vergleicht, führt BLAST (Basic Local Alignment Search Tool) lokale Alignments durch, wobei einzelne Sequenzabschnitte als „Wörter" definiert werden, nach denen gesucht wird. Werden Übereinstimmungen gefunden, kann die Suche ausgeweitet und durch Verlängerung der Sequenzabschnitte verbessert werden. Durch das Kurzhalten dieser Segmente, ist es möglich, die Abfragesequenz vor einer Suche zu bearbeiten und eine Tabelle aller möglichen Teilstücke mit ihrem Ursprung in der Originalsequenz vorzuhalten. Dabei stellt der Algorithmus eine Liste aller benachbarten Worte fester Länge auf, die einen Treffer auf der Abfragesequenz mit einem höheren Scoring als ein zu wählender Parameter erzeugen würden. Anschließend wird die Zieldatenbank nach Worten in dieser Liste abgefragt und die gefundenen Treffer erweitert, um mögliche maximale zusammenhängende Treffer in beiden Richtungen zu finden.[9] Der Vorteil dabei ist, dass die Suche relativ schnell vonstatten geht.

## 2.2.4 Beschreibung des Ramachandran-Plots

Ein Ramachandran-Plot ist ein Diagramm, in welchem beide Torsionswinkel $\phi$ und $\psi$ gegeneinander aufgetragen werden, die prinzipiell jeweils Werte zwischen -180° und +180° annehmen können. Darin wird die statistische Verteilung der Kombinationen beider Winkel einer bestimmten Protein-Hauptkette dargestellt, wobei nicht jede Kombination realistisch ist, da sich sonst die Atome einer Peptidbindung zu nahe kämen.

Generell lassen sich auf dem Ramachandran-Plot drei Regionen wiederfinden, die den klassischen Sekundärelementen entsprechen: $\alpha$-Helices, $\beta$-Faltblättern, sowie den Fall $\phi > 0$ (linksgängige Helix). Ausnahme hierbei bildet die Aminosäure Glycin, die aufgrund der fehlenden Seitenkette eine größere konformationelle Freiheit aufweist und sich deshalb auch außerhalb dieser drei Regionen wiederfinden lässt.

## 2.2.5 Schwierigkeit der Erstellung eines Homologiemodells für ein TM-Protein

Das Untersuchen von Transmembranproteinen stellt sich als relativ komplex heraus, da sie in drei verschiedenen chemischen Umgebungen gleichzeitig betrachtet werden müssen: intra- sowie extrazellulärer Raum und innerhalb der Membran.

Somit ergibt sich für den Membranbereich eine hydrophobe Umgebung, in der zusätzlich die Lipiddoppelschicht der Zelle die Tertiärstruktur des Proteins stark beeinflusst. Intra- sowie extrazellulär herrscht dagegen eine hydrophile Umgebung vor, wobei es beim Vergleich zwischen intra- und extrazellulär z.T. große Konzentrationsunterschiede der Ionen gibt. Globuläre Proteine (Bsp.: Hämoglobin), die sich ausschließlich in einem Kompartiment befinden, sind daher leichter zu untersuchen, da obengenannte Faktoren wegfallen. Auch ist es deutlich einfacher, ein in Wassser lösliches Protein zu kristallisieren, was bei Transmembranproteinen häufig nicht der Fall ist. Aufgrund folgender Feststellungen gibt es für globuläre Proteine bessere Vergleichsmöglichkeiten, um die Erstellung geeigneter Homologiemodelle zu ermöglichen.

## 2.2.6 Vergleich der Sequenz des Rezeptors des Zebrafinken und von 4DKL

Es besteht nur eine geringe Idendität (7,0%) und eine mäßige Ähnlichkeit (24,0%) der Sequenzen, außerdem ist die unbekannte Sequenz fast 150 AS kürzer. Die mit DSC vorhergesagten Sekundärstrukturen der beiden Sequenzen unterscheiden sich sehr stark, wobei die transmembranen Helices in etwa an denselben Positionen liegen. Es fällt auf, dass die unbekannte Sequenz nur sechs transmembrane Helices besitzt, anstatt der für GPCRs üblichen sieben. Auch ist kein ausgeprägter intrazellulärer Loop 3 (Bindestelle für GPCRs) zu erkennen, sodass die Vermutung nahe liegt, dass es sich nicht um einen GPCR handelt.

## 2.2.7 Erstellung eines multiplen Sequenz- und Strukturalignment mithilfe von BLAST

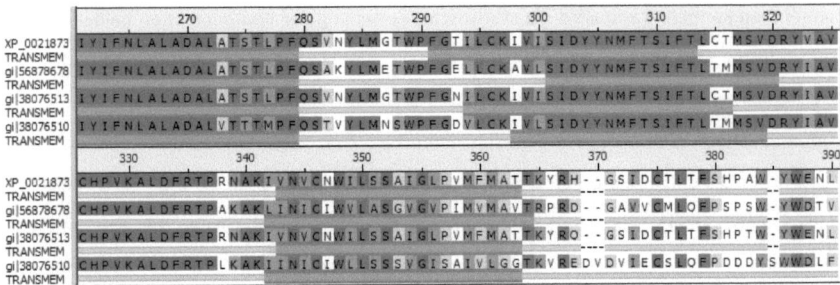

Abbildung 9

Abbildung 9 enthält eine Auszug aus dem Alignment der unbekannten Struktur mit drei Templates, die mit Hilfe des BLAST-NCBI-Servers (Datenbank pdbaa) gefunden wurden. Eine Vorhersage mit Transmem zeigt, dass die Helices sich sehr ähnlich sind und auch die Sequenzen eine große Homologie zeigen.

Bei den Templatestrukturen handelt es um

1. ID: 4N6H, Human Delta Opiod Receptor[10]
2. ID: 4DKL, μ-opioid receptor[11]
3. ID: 4DJH, human κ-opioid receptor[12]

Die Strukturen ähneln sich sehr stark und unterscheiden sich hauptsächlich im intrazellulären Loop 3. Deswegen sollte besonders auf die transmembranen Helices geachtet werden, bei der Erstellung eines Homologiemodells. Die Loops sind nicht sehr gut konserviert und es ist daher schwierig dafür ein Modell zu finden.

## 2.2.8 Erstellung von Homologiemodellen der drei Templates

Der hauptsächliche Unterschied der Homologiemodelle besteht in den Loops. Abb. 10 zeigt die Überlagerung der sieben berechneten Homologiemodelle. Es ist gut zu sehen, dass die TM-Helices sehr gut überlagern und bei den Loops leichte Abweichungen untereinander sind. Allerdings muss diese Aussage etwas relativiert werden, denn die Abbildung stellt nur einen Momentaufnahme dar. In Realität besitzt der in der Membran eingebettete Rezeptor zusätzlich noch eine gewisse Flexibilität, v.a. in den Loops.

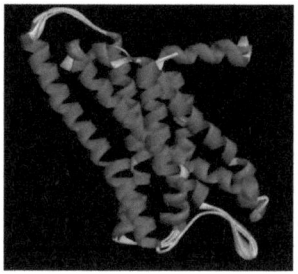

Abbildung 10

## 2.2.9 Berechnung der RMSD-Werte ausgehend von den Homologiemodellen und den Templates

Die RMSD-Berechnung des alignten Backbones mit den Templates, zeigt den Vergleich des besten Homologiemodells (XP_002187388.M0002, PDF Total Energy = 6844,6) mit den Templates:

1. Diff(4N6H-XP_002187388.M0002) = 5,823
2. Diff(4DKL-XP_002187388.M0002) = 1,045

Allerdings weist das energetisch ungünstigste Homologiemodell (XP_002187388.M0005, PDF Total Energy = 7089,1) nur einen geringfügig höheren RMSD Wert auf:

1. Diff(4N6H-XP_002187388.M0005) = 5,876
2. Diff(4DKL-XP_002187388.M0005) = 1,072

4DJH wurde in der RMSD nicht berücksichtigt, da es nicht verlinkt war.

## 2.2.10 Evaluierung und Verbesserung des Homologiemodells

| Rezeptor | C-Terminus | N-Terminus |
|---|---|---|
| Homologiemodell | Methionin | Prolin |
| 4N6H | Asparagin | Glycin |
| 4DKL | Methionin | Isoleucin |
| 4DJH | Serin | Prolin |

Die Templatestrukturen enthalten jeweils diesselben C- und N-Termini wie das Homologiemodell. Das kann dadurch erklärt werden, dass das Modell auf Basis aller

Templatestrukturen berechnet wurde, um die optimale Überlagerung der einzelnen Templates zu erreichen. Somit müssen die einzelnen Strukturelemente, wie etwa die Termini in den Templates, wieder zu finden sein. Die Konformationen sind durchaus realistisch, allerdings ist der Loop 3 kaum ausgeprägt, d.h. das G-Protein dürfte in Realität nur sehr schwer daran binden können.

Die Analyse mit Profiles-3D liefert einen Verify Score von 52,14 (Expected High Score: 115,88; Expected Low Score 52,14). Eine Strukturminimierung ergibt eine neue Struktur mit $E_{pot}$ = - 12254,5 kcal/mol (Abb. 11).

    -> Differenz $\Delta E$ = 12437,9 kcal/mol

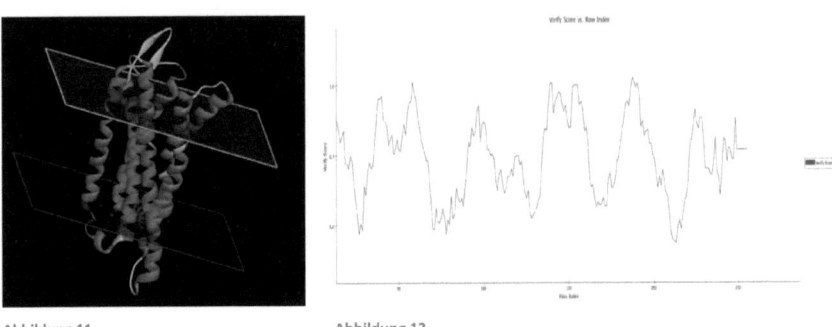

Abbildung 11        Abbildung 12

Abbildung 12 zeigt den Line Plot der Verify Score der optimierten Struktur. Drei der Helices liegen sehr leicht im negativen Bereich, dies lohnt sich aber nicht neu zu modellieren. Der neue Verify Score ist 113,46. Abbildung 13 zeigt einen Ramachandran-Plot des Rezeptors. Man erkennt deutlich eine Höhe im Bereich $\psi$ -60° und $\phi$ -60°, worin die α-Helices (hier: TM-Helices) zu finden sind. Desweiteren sind im Bereich von $\psi$ 135° und $\phi$ -135° noch einzelne Spots zu sehen, welche β-Faltblätter repräsentieren.

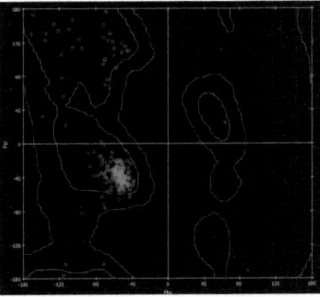

Abbildung 13

## 2.3 Docking

### 2.3.1 Zwei Bestandteile des molekularen Dockings

Beim molekularen Docking wird allgemein die Komplexbildung zweier Biomoleküle untersucht, wobei zum einen die Oberflächen zueinander passen (Schlüssel-Schloss-Prinzip) müssen, damit es keine sterischen Hinderungen gibt. Zum anderen müssen die Ladungsverteilungen des Liganden und des Rezeptors komplementär sein. Nur wenn beide Voraussetzungen erfüllt sind, ist es einem Ligand überhaupt möglich, zu docken.

### 2.3.2 Unterschied zwischen starrem und flexiblem Docking

Das starre Docking beschreibt einen Mechanismus, bei dem beide Reaktionspartner ihre dreidimensionale Struktur im Laufe der Bindungsbildung nicht verändern. Dieser Ansatz stellt eine starke Vereinfachung dar und muss daher als ungenau betrachtet werden. Bei dem Mechanismus des flexiblen Dockings wird ein Partner starr gehalten (zumeist der Rezeptor) und der zweite als flexibel betrachtet. Dieser kann daher er kann seine Konfor-mation während der Bindungsbildung ändern. Es ist sinnvoll den Ligand als flexibel zu betrachten, weil dieser wesentlich weniger Freiheitsgrade hat.[19]

### 2.3.3 Probleme und Ursachen beim Docking

Beim Docking gibt es eine Vielzahl von Limitierungen. Einerseits ist es nicht möglich, die völlige Flexibilität des Enzyms, sowie des Liganden einzubeziehen. Desweitern müssen die elektronischen Wechselwirkungen sowie der Einfluss des Solvens akkurat berücksichtigt werden.[b] Docking funktioniert somit nur, wenn die genannten Parameter berücksichtigt und gegebenenfalls vereinfach werden. Docking ist allerdings nur möglich, wenn die Tertiärstruktur des Rezeptors bekannt ist, da nur dann die relative Orientierung beider Reaktanten zueinander richtig bestimmt werden können.[c] Dies bedeutet, dass der Rezeptor entweder kristallographisch abgebildet oder akkurat modelliert wurde. Fehlerhaft modellierte Rezeptoren (z.B. basierend auf Templatestrukturen) können zu verfälschten Resultaten führen.

### 2.3.4 Berechnungen mithilfe der Scoring-Funktion

Die Scoringfunktion drückt die Stärke der non-kovalenten Bindung zwischen Ligand und Rezeptor aus und wird als Bindungsaffinität betrachtet. Es können dabei drei Typen unterschieden werden. Kraftfeldbasierte Betrachtungen (van-der-Waals-Kräfte sowie elektrostatische Wechselwirkungen), empirische Funktionen (hydrophobe bzw. hydrophile Wechselwirkungen) und statistisch basierte Funktionen, die auf der Annahme basieren, dass es zu erhöhten intermolekularen Interaktionen zwischen bestimmten funktionellen Gruppen kommt.[21]

### 2.3.5 Aufbau der PLP-Funktion

Die PLP-Funktion (Piecewise Linear Potential Scoring Function) beschreibt die paarweise Behandlung jeweils eines Atoms des Rezeptors und des Liganden. Die Atome werden in vier Gruppen unterteilt: unpolar, H-Bindung Donor/Akzepor, H-Bindung Akzeptor und H-Bindung Donor. Zusätzlich werden drei Arten von Wechselwirkungen festgelegt: attraktive Wechselwirkungen Donor-Akzeptor, repulsive Wechselwirkungen Donor-Donor (Akzeptor-Akzeptor) und Dispersion für alle anderen Kontakte. Die Energie jeder Wechselwirkung wird mit einer linearen Funktion beschrieben, die je nach Wechselwirkung unterschiedlich parametrisiert ist. Die endgültige PLP-Energie ist die Summe aller korrespondierenden Energien der Wechselwirkungen, der in Kontakt tretenden Atome des Liganden mit dem Rezeptor.[21]

### 2.3.6 Kürzung des Terminus bei Met-Enkephalin

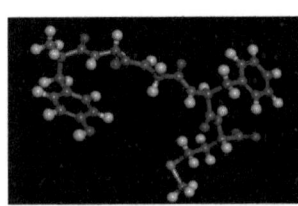

Sollte der N-Terminus des Met-Enkephalins in die Bindungstasche hineinragen und das Docking somit erschweren bzw. sogar verhindern, so könnte man diesen Bereich entfernen, ohne dass dabei ein verfälschtes Ergebnis entsteht. Der Grund dafür ist, dass der N-Terminus normalerweise extrazellulär ist, nicht mitten in der Membran aufhört und somit die Bindetasche nicht beeinträchtigt. Wird nun dieses Modell mit dem des Rezeptors 4DKL verglichen, so stellt man fest, dass schon ein Stück des N-Terminus fehlt. Daher verfälscht eine Verkürzung um die entsprechenden Aminosäuren, die das Docking stören, das Resultat nicht.

Abbildung 14

### 2.3.7 Docking eines Agonisten mit anschließender Dynamiksimulation und darauffolgendem Vergleich der Strukturen

Anschließend wurde mithilfe von CDOCKER der Agonist in die Bindetasche gedockt, wobei die vorhergesagte Bindetasche zuvor noch etwas verkleinert und verschoben werden musste. Nun wurde das Molekül mit der besten CDOCKER_Energie (56,5 kcal/mol) ausgesucht. Die

Aminosäuren des Rezeptors, welche mit dem Liganden durch Ausbildung von Wasserstoffbrücken interagieren sind Gln26, Asn29, Asp49, Ile198, Asn52 sowie Asp16. Hier werden zunächst keine π-Wechselwirkungen ausgebildet (Abbildung 15). Anschließend wurde eine Dynamik-Simulation (Standard Dynamics Cascade) mit den voreingestellten Standardeinstellungen durchgeführt, wobei GBSW das Lösungsmittel war und mit 10000 Schritten (Production Steps) gerechnet wurde. Im Gegensatz zu dem vorherigen Komplex wird nun eine π-Wechselwirkungen zwischen der Aminosäure Tyr228 und dem Ligand ausgebildet. Außerdem sind nun bei der Ausbildung von Wasserstoffbrückenbindungen zwischen Rezeptor und Ligand z.t. andere Aminosäuren beteiligt: Gln26, Asp49, Gly227, Asn52, Arg113, Asp118 (Abbildung 16). Um die Wasserstoffbrücken und die π-Wechselwirkungen zu präsentieren, wurde von beiden Komplexen vor und nach der Dynamik-Simulation ein 2D-Diagramm angefertigt.

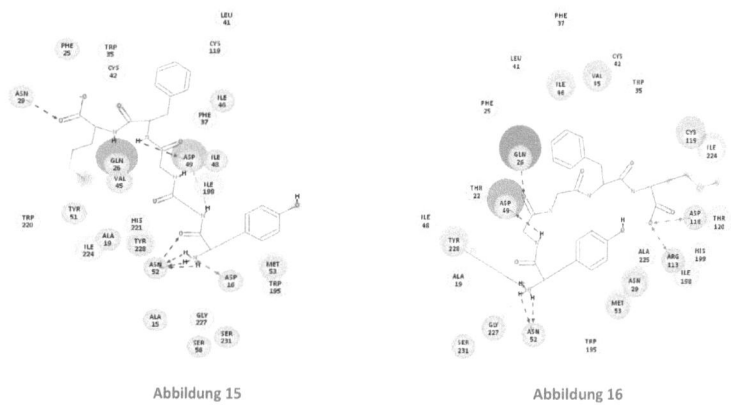

Abbildung 15        Abbildung 16

Die Strukturen des Rezeptor-Ligand-Komplexes vor und nach der Dynamik-Simulation wurden mittels Strukturalignment miteinander verglichen. Dabei wurde folgender RMSD-Wert erhalten: 1,585 Ångström.

2.3.8 Gedockte Positionen stimmen schlecht mit der Kristallstruktur überein - Darlegung bestimmter Berücksichtigungen

Es wird nun eine Auswahl von exogenen Agonisten und das zuvor gemodelte Homologiemodell verwendet. Diese werden zuerst auf mögliche Isomere geprüft, was 75 Ausgangsstrukturen liefert. Anschließend wird mittels LibDock ein Screening durchgeführt, um etwaige Dockingpositionen zu ermitteln, wobei 4658 Ergebnisse angezeigt werden. Es wird die Häufigkeit der Interaktionen der einzelnen Aminosäuren des Rezeptors mit dem Liganden untersucht und eine Simulation der Wasserstoff-Brücken zwischen den beiden Partnern durchgeführt. Diese werden in Form einer Heatmap (Abbildung 17) dargestellt.

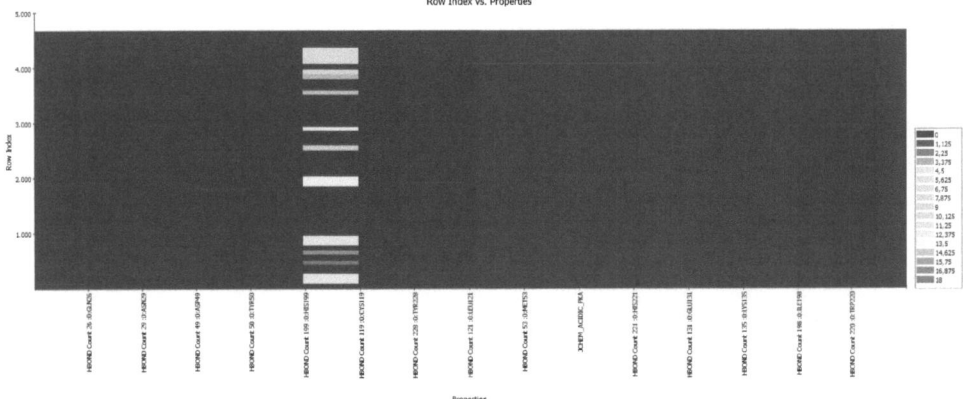

Abbildung 17

Die Heatmap zeigt uns, dass die häufigsten Wechselwirkungen von den Liganden mit His199 sowie Cys119 ausgebildet wurden. Vereinzelt wurden außerdem Wechselwirkungen mit Gln26, Asn29, Asp49, Tyr50, Tyr228, Leu121, Met53, His221, Glu131, Lys135, Ile198 sowie mit Trp220 ausgebildet.

Nun wurde mittels Score-Ligand-Poses ein Scoring der einzelnen Liganden durchgeführt und nach steigendem PLP2-, Jain- sowie PMF04-Score geordnet. Durch Vergleich der einzelnen Ergebnisse ist auffällig, dass einzelne Konformationen von DPI-287 und Alvimopan die besten Ergebnisse liefern (Tabelle 1).

| PLP2-Score | Jain-Score | PMF04-Score |
|---|---|---|
| DPI-287 | Anileridine | Diprenorphine |
| DPI-287 | Fentanyl | Alvimopan |
| Alvimopan | Anileridine | Buprenorphine |

Tabelle 1

Es ist deutlich zu sehen, dass je nach Scoringmethode, verschiedene Konformationen von Liganden als optimal angesehen werden. In diesem Fall wird Alvimopan zu weiteren Berechnungen verwendet, wobei die Auswahl aufgrund des PLP2-und des PMF04-Scores getroffen wurde.

Anschließend wurde Alvimopan ausgewählt und mittels De Novo Evolution durch Veränderung der funktionellen Gruppen in seiner Affinität weiter verbessert. Dabei wurden neue funktionelle Gruppen wie Cyclopentan, Imidazol und n-Pentan kovalent daran gebunden. Es wurden die einzelnen Konformationen mithilfe von Ludi Energy Estimate 3 bewertet, Evo_1 (805 kcal/mol) als Kraftfeld hinzugefügt, das Homologiemodell geladen und der gesamten Komplex in der Membran minimiert (Abbildung 18). Die CHARMm-Energie betrug dabei -12563,4601 kcal/mol. Danach wurde der Ligand mit CDOCKER gedockt, wobei 10 Konformationen erhalten wurden und der mit der besten CDOCKER-Energie (62,2055 kcal/mol) minimiert wurde (Abbildung 19). Die CHARMm-Energie, die sich daraus ergibt, beträgt -12608,7785 kcal/mol.

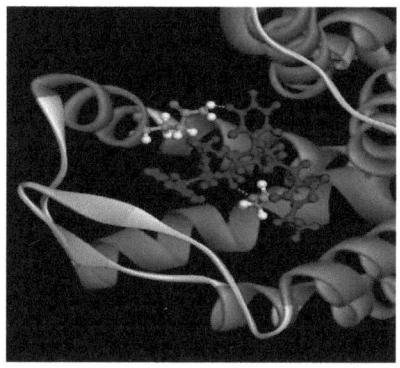 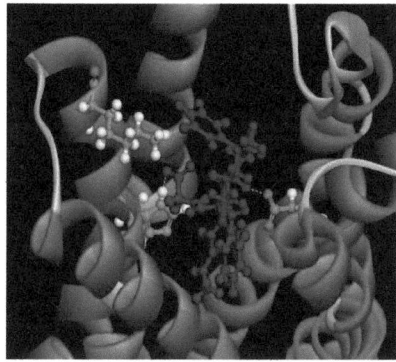

Abbildung 18

Abbildung 19

Vergleicht man nun beide Komplexe miteinander so stellt man fest, dass sich die Anzahl der Wasserstoffbrückenbindungen geändert hat. Vor dem Docking (Abbildung 18) sind zwei Wasserstoffbrückenbindungen zwischen dem Liganden und den Aminosäuren Gln26 sowie Asp49 ausgebildet, nach dem Docking (Abbildung 19) drei Wasserstoffbrückenbindungen mit den Aminosäuren His199, Asp 49 und Lys205. Aufgrund vermehrter Wechselwirkungen des optimierten Liganden, im Vergleich zu seinem Vorgänger, passt er noch besser in die Bindetasche, als nach der Dynamik-Simulation.

Im weiteren Versuchsteil wurde nun der Antagonist β-Funaltrexamine mit Hilfe von LibDock in die Bindungstasche des erstellten μ-Rezeptor-Modells gedockt (Abbildung 21), ein Alignment mit 4DKL (Abbildung 20) erstellt und beide Komplexe mittels Superimpose

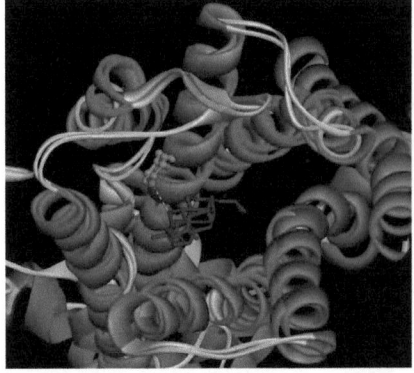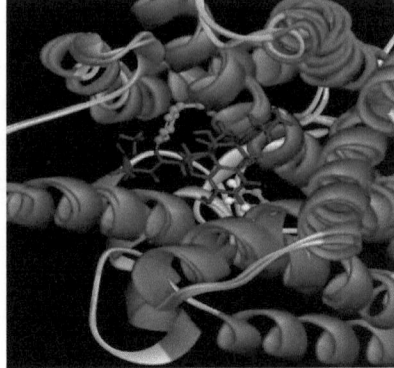

Abbildung 20                                    Abbildung 21

miteinander verglichen. Der RMSD-Wert beträgt dabei 0,946 Ångström, sodass belegt ist, dass beide Komplexe sehr hohe Ähnlichkeiten aufweisen. Allerdings stellt man bei näherer Betrachtung fest, dass sich die Kristallstruktur des 4DKL von dem des β-Funaltrexamin-μ-Rezeptor-Komplex in der Anzahl der Wasserstoffbrückenbindungen unterscheiden. Während 4DKL nur eine Wasserstoffbrückenbindung mit Tyr148 aufweist, sind bei dem β-Funaltrexamin-μ-Rezeptor-Komplex dagegen zwei mit His199 und Tyr148 erkennbar.

Die gedockten Positionen stimmen so schlecht mit der Kristallstruktur überein, da weitere Parameter berücksichtigt werden müssen. Zum Einen interagieren in Wirklichkeit zusätzlich Heteroatome und Wassermoleküle, die die Simulation verfälschen. Zum Anderen wurde 4DKL in einer realen Membran kristallisiert, wobei Vibrationen vorhanden sind, die in einer Simulation nicht berücksichtigt werden.

Die gedockten Positionen stimmen also nicht komplett überein, da eine genaue Simulation mit LibDock schwierig ist. Trotz Berücksichtigung der Lösungsmittel, entspricht die Umgebung nicht der einer Zelle. Um genauere Modelle zu entwickeln, müsste man also die LibDock-Parameter weiter verfeinern und mehr Rechenaufwand in Kauf nehmen.

Vergleicht man zusätzlich noch die Kristallstruktur von 4DKL aus der Literatur mit unserer Simulation, stellt man fest, dass β-FNA theoretisch zwei Wasserstoffbrückenbindungen zu Y148 und zu D147 in der TM-Helix 3 ausbilden müsste, in unserer Simulation allerdings nur eine Wasserstoffbrückenbindung zu Y148 auftaucht.

## 2.3.9 Selektivität von Naltrindole

Die Selektivität des Naltrindols resultiert aus den geringen Strukturunschieden zwischen den δ- und μ-OR. In einer Umgebung von 4 Ångstrom unterscheiden sich die beiden Rezeptoren in drei Aminosäuren. Im μ-Rezeptor sind es E229$^{ECL2}$, K303$^{6.58}$ sowie W318$^{7.35}$, im δ-Opioid-Rezeptor Asp, Trp und Leu. Besonders wichtig ist der Austausch von Leucin zu Tryptophan, da Tryptophan sterisch anspruchsvoller ist. Dies würde zu einem Zusammenstoß mit der Indolgruppe des Naltrindols führen, falls es an einem μ-OR docken möchte. Dies bedeutet, dass der Ligand nicht tief genug in die Bindetasche eindringen und folglich den Rezeptor nicht

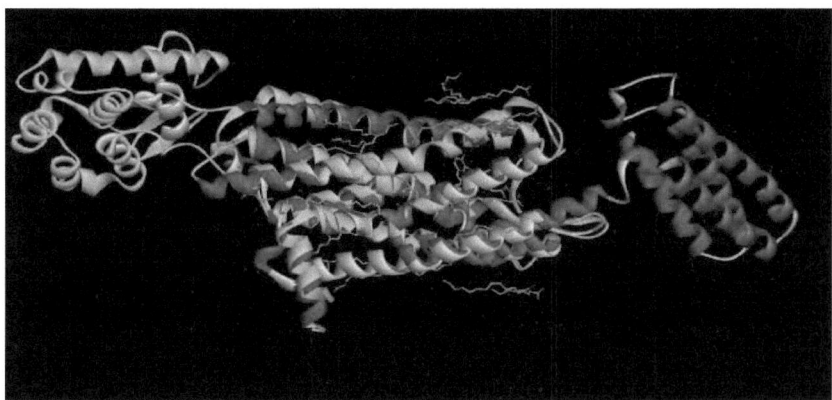

Abbildung 22

aktivieren kann. Die Indolpartialstruktur des Naltrindols wird als „Adressat" und das Morphingerüst als „Nachricht" für δ-ORs bezeichnet.[5]

Die Überlagerung des δ- und μ-Rezeptors ist in Abbildung 22 zu sehen, wobei der gelb markiert Teil den μ-Rezeptor darstellt. Man kann gut erkennen, dass die TM-Helices der Rezeptoren strukturell gut konserviert sind, wobei der δ-Rezeptor einen sehr langen extrazellulären N-Terminus aufweist. Den bedeutenderen Unterschied stellt der intrazelluläre Loop 3 dar, welcher beim μ-Rezeptor 175 und bei dem δ-Rezeptor 10 Aminosäuren lang ist.

## 2.3.10 Feedback

Das Praktikum bietet per se einen guten Ein- bzw. Ausblick, was mit Molekularsimulationen alles möglich ist und wie man neue Strukturen, auf Basis bereits erworbenen Wissens, modellieren kann. Allerdings ist das Verhältnis zwischen Einarbeitung in ein völlig neues Programm und die Anwendung auf die gestellten Aufgaben etwas unausgewogen. Die (durchaus notwendigen) Tutorials vermitteln das nötige Wissen, um die Aufgaben zu bearbeiten. Allerdings erfolgt die Bearbeitung letztere zumeist nur mittels des Analogieprinzips, d.h. es werden Schritte des Tutorials mit neuen Molekülen wiedeholt, ohne die genauen Hintergründe für den jeweils nächsten Modellierungsschritt zu kennen. Ein weiterer Kritikpunkt ist die Verfügbarkeit des CCC. Da es den Studenten frei gestellt ist, wann sie ihre Arbeit erledigen, sollten doch zumindest zu der im UniVis angegeben Zeit die Rechner zugänglich sein.

Vom Gesamtumfang war das Praktikum durchaus angemessen und im vorgegebenen Zeitrahmen zu bewältigen. Die Maximallänge des Protokolls von 10 Seiten sollte noch einmal überdacht werden. Es gestaltet sich schwierig diese Forderung einzuhalten und zugleich die Vorgabe einige Bilder einzubinden, zu berücksichtigen.

Die Autoren dieses Protokolls sind der Meinung, dass es sinnvoll ist die maximale Seitenzahl zu übersteigen, da eine Kürzung zur Minderung der Qualität führen würde.

## 3 Literatur

[1] http://de.wikipedia.org/wiki/Sequenzalignment, Stand 07.04.2014

[2] http://de.wikipedia.org/wiki/Substitutionsmatrix, Stand 07.04.2014

[3] http://en.wikipedia.org/wiki/Scoring_functions_for_docking, Stand: 07.04.2014

[4] http://www.informatik.hu-berlin.de/forschung/gebiete/wbi/teaching/archive/sose09/vl_biophysik/04_alignments.pdf, Stand 07.04.2014

[5] Aashish Manglik, Andrew C. Kruse, Tong Sun Kobilka, Foon Sun Thian, Jesper M. Mathiesen, Roger K. Sunahara, Leonardo Pardo, William I. Weis, Brian K. Kobilka & Sébastien Granier, Nature **485**, 321-326

[6] http://de.wikipedia.org/wiki/Beta-2-Adrenozeptor, Stand 07.04.2014

[7] Vadim Cherezov, Daniel M. Rosenbaum, Michael A. Hanson, Soren G.F Rasmussen, Foon Sun Thian, Tong Sun Kobilka, Hee-Jung Choi, Peter Kuhn, William I. Weis, Brian K. Kobilka, Raymond C. Stevens, Science **318**, 1258-1265

[8] http://www-lehre.img.bio.uni-goettingen.de/Bio_Inf/mult_ali/multiali.htm, Stand 09.04.2014

[9] http://de.wikipedia.org/wiki/BLAST-Algorithmus, Stand 09.04.2014

[10] http://www.rcsb.org/pdb/explore/explore.do?structureId=4n6h, Stand 09.04.2014

[11] http://www.rcsb.org/pdb/explore/explore.do?structureId=4dkl, Stand 09.04.2014

[12] http://www.rcsb.org/pdb/explore/explore.do?structureId=4djh, Stand 09.04.2014

[13] http://www.satureja.de/html/wundversorgung.html, Stand 11.04.2014

[14] http://de.wikipedia.org/wiki/Paracelsus, Stand 11.04.2014

[15] http://de.wikipedia.org/wiki/Analgetikum, Stand 11.04.2014

[16] http://de.wikipedia.org/wiki/Nichtopioid-Analgetikum, Stand 11.04.2014

[17] http://de.wikipedia.org/wiki/Opioide, Stand 11.04.2014

[18] Skript Aufgabenstellung, Dipl.-Inform. Patrick Duchstein, 07.04.2014

[19] http://de.wikipedia.org/wiki/Docking_%28Chemie%29, Stand 11.04.2014

[20] http://www.utdallas.edu/~son051000/comp/EdelmiroMoman.pdf, Stand 11.04.2014

[21] http://en.wikipedia.org/wiki/Scoring_functions_for_docking, Stand 11.04.2014

[22] Skript Docking, Dipl.-Inform. Patrick Duchstein, Stand 07.04.2014